地震来了不要怕

安全行为小百科编委会　编

地震出版社

图书在版编目（CIP）数据

地震来了不要怕 / 安全行为小百科编委会编. -- 北京：
地震出版社, 2022.10 （2023.6重印）
ISBN 978-7-5028-5467-6

Ⅰ.①地… Ⅱ.①安… Ⅲ.①地震灾害－自救互救－
少儿读物 Ⅳ.①X956-49

中国版本图书馆CIP数据核字(2022)第133042号

地震版XM5575/X(6296)

地震来了不要怕
安全行为小百科编委会　编
责任编辑：李肖寅
责任校对：鄂真妮

出版发行：地震出版社
　　　　　北京市海淀区民族大学南路9号　　　邮编：100081
　　　　　销售中心：68423031　68467991　　　传真：68467991
　　　　　总编办：68462709　68423029
　　　　　http://seismologicalpress.com
经销：全国各地新华书店
印刷：河北文盛印刷有限公司

版（印）次：2022年10月第一版　2023年6月第3次印刷
开本：787×1092　1/16
字数：90千字
印张：4
书号：ISBN 978-7-5028-5467-6
定价：28.00元

目录

2

一、谣言终结者

"嘿，你们听说了吗，咱们这里要地震啦！"午间休息时，冯周小声地和周围同学嘀咕着，"5月18日晚上8点，咱们这要发生一场大地震，也就剩三天时间了，大家回去可要做好充足的准备。"

周围同学看到冯周说得煞有介事，不由得有点担心起来，越想越慌，胆小的女生关关嘤嘤地哭了起来。

说话间，班长许依和学委高睿走进教室，恰好看到这一幕。许依上前问道："大家这是怎么了？都愁眉不展的呢。"

一向无忧无虑的杜可无精打采地说："许依，听说咱们这里要地震了，就在大后天晚上8点。"

许依扑哧一笑，说道："这是哪来的消息？还编得有模有样的，该不会又是冯周说的吧？"

"这消息千真万确！我昨天写完作业刷手机时看到的，还是国外权威机构发布的信息呢！"冯周急忙辩解说。

"原来如此，大家不要担心了，肯定是谣言。凡是对地震十分

准确的预报，比如精确到几点几分这种，几乎都可以认定为谣言。这些都超出了目前预报的实际水平。"高睿慢条斯理地说道。

接连被反驳，冯周脸上有些挂不住了，说道："这可是国外权威媒体发布的，他们可预测过很多国家的地震呢。"

"如果是外国人预报的我国地震，那肯定是谣言，这既不符合国际间的约定，也不符合我国发布地震预报的规定。只有省级以上人民政府可以发布地震预报信息，统一部署地震应急工作。"高睿继续平心静气地解释。

同学们长舒了一口气，你一言我一语地追问起高睿关于地震的知识。

眼看上课时间快到了，高睿便说："关于这个话题一两句可说不清，许依，不如我们跟严老师提个建议，本周的课外小组活动就以地震为主题，分组讨论吧。"

冯周因为午间小插曲，一下午都心事重重的。放学时，他快步追上高睿，期待又沮丧地说："这周课外活动，我能和你一组吗？要不是我盲目轻信谣言，同学们也不会虚惊一场，我太没用了。"

高睿露出阳光般的笑容劝慰道："好啊！你要自信起来。刚巧我家里有一些资料，咱们一起来整理吧。"

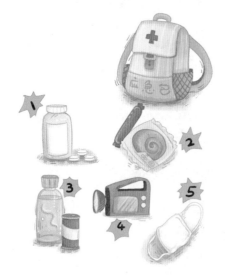

药品
食品
水
手电
口罩

来到高睿家中，冯周惊讶地看着满墙的藏书，真像是一座小型图书馆。

二人专心地查阅起来。"原来地球上每年大约发生500多万次地震，那差不多每天都要发生上万次地震呢！"看到书中记载的数字，冯周惊讶地叫出声来。"

"没错，只不过由于绝大多数震级较小，或者震中在海里，或者远离我们，所以我们才没感觉到。"高睿说道。

"那需要做哪些震前准备吗？"冯周疑惑道。

"首先，要熟悉我们的生活环境，了解避难场所，还需

要积极参加防震演练活动，这样地震来了就可以沿计划路线及时疏散。"高睿指着手中的资料说。

"还要准备地震应急包。最好人手一个，并放到随手可拿的地方，同时制定家庭地震应急预案。"高睿又补充道。

不知不觉间，两人记录了满满十页纸。"冯周，到时候请你代表咱们组上台发言。"

冯周有点不自信，"我刚闹过这么一个乌龙，这种荣誉时刻可不能让我上啊。"

"你讲故事的能力非常出色，这次刚好有了用武之地。谁上台不重要，重要的是让同学们能更有效地吸收这些关于地震的必要知识。"高睿鼓励他说。

看着同伴鼓励的神色，冯周心里充满了感激。

冯周不负众望，讲演得到了全班一致的喝彩。

演说结束时，冯周主动说："经过这次讨论，我们都对地震有了科学的认识，地震来了不要怕，相信科学不传谣，我们都要成为谣言终结者。"

安全小贴士

⭐ 地震谣言的特点

1. 超过目前预报的实际水平，如地震发生的"时间、地点和震级"三要素十分"精确"，甚至发震时间精确到几点几分。

2. 跨国地震预报，如地震是由外国人预报的，那肯定是谣言。这既不符合我国关于发布地震预报的规定，也不符合国际间的惯例。

3. 对地震后果过分渲染的传言，特别是强震发生后常会出现"某个地方将要陷落""某个地方要遭水淹没"等传言，这种耸人听闻的消息也是不可信的。

⭐ 应急救援包准备原则

要放在随手可拿的地方，地震发生时能够随身携带。

思考一下，你认为还需要哪些物品呢？快来写一写吧

★ 需要物品清单

医疗包
压缩饼干
饮用水
手电筒
口罩
求生哨
收音机
火柴
多功能刀
适量现金
身份证复印件
血型证明
绳索
……

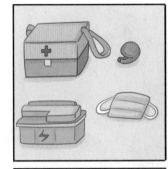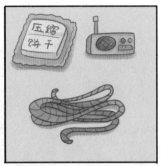

★ 特别提示

为了确保家庭成员牢记重要事项，可以制作一张
"家庭紧急预案"卡片

卡片清单：
紧急会合地点
家庭电话
家庭住址
灾难发生时联系人姓名及电话

★ 务必记下联系人的手机号、工作电话、家庭电
话等所有联系电话，确保无论白天夜晚都能和他
取得联系

制定预案后，要以家庭为单位进行演练。

二、防震大演练

地震主题课外活动很快"火出了圈",学校决定要在全校开展一次系统的防震大演练。

"要做好演练,首先要做好准备工作。现在,请一位同学来到讲台,和我配合示范,地震来时,正在上课的我们应该怎么做。"严老师笑着说。

"注意看,当听到地震警报哨声后,要用书包或手护住自己的头和颈部,迅速躲到课桌下或课桌旁,尽可能蜷曲身体,放低重心。"

严老师边说边指导上前示范的同学怎么做动作,又接连请了三位同学上前展示,保证全班同学看清记牢。

接着,严老师又在投影屏幕上展示校方的演练示意图,给大家讲解哪里是安全集合点,如何有序撤离等细节。

　　第二天早上，大家都早早来到了学校。正式演练前，严老师又带领同学们迅速复习了所有要领。

　　清亮的哨声划破安静的学校，演练正式开始。

　　急促的警报声骤然响起，严老师立刻大声说道："地震来了，不要怕！所有同学，迅速躲避！"

　　同学们即刻按照昨天的示范动作，躲避到桌下或桌旁。

　　尖厉的警报声持续了足足两分钟，终于停止了。随着一声长哨，严老师宣布："警报解除！所有同学，按照顺序，有序撤离！"

　　大家一列一列井然有序，又步伐飞快地走出教室。再看走廊里，其他班级的同学也都按照计划路线，分别从东西安全门一个接一个撤离教学楼。

　　操场上，各个班级已经按照规划好的顺序依次排好队并蹲下。一眨眼间，所有人都好像瞬间转移似的，从教学楼里来到了操场上。

　　校长宣布演练结束，同时也对大家赞许地竖起了大拇指："1分30秒！大家都太棒了！"

　　同学们你看看我，我看看你，内心好像都有些心潮澎湃的震撼。所有人都没想到，因为提前做好了细致的规划，那么多人就能在这么短的时间内完成撤离。

地震主题课外活动结束后，作为学委的高睿还和许依、杜可、冯周，把大家整理的所有资料分门别类，按照背景知识、震前准备、震时应对、震后处理等栏目细致地整理好，制作成册，交给严老师，分享给大家。

"最后，布置一个小小的家庭作业，请大家将我们所学的地震知识，分享给自己的家庭成员。"严老师说。

回到家后，关关拉着爸爸妈妈，根据手册检查自己家里的一应设施，还一起整理好了应急救援包，制定好家庭应急预案，划定安全区域……一连忙活了两个小时。

"这手册做得可真细致，原来我们有这么多知识

盲点啊。"妈妈赞叹地说。

"啊!"关关大叫一声,"我们家里还有好多安全隐患呢,看这里。"关关指着手册上的一段话说。

在家里,摆放物品要遵循几个原则:

一、重的在下,轻的在上;

二、高大家具要固定好,防止倾倒砸伤人;

三、床放在承重墙附近,远离屋梁和悬挂的灯具;

四、将桌子、床或低矮家具下腾空,把结实家具旁边的内墙角空出来;

五、花盆等物品不要放在窗台外沿,以免砸伤人;

六、清理杂物,不要在楼道、庭院、门口等处堆放。

一番折腾后,关关一家筋疲力尽,纷纷瘫倒在了床上。

这一夜,关关睡得很踏实。

虽然第一次听到冯周的地震谣言时,关关吓哭了,但经过科学的学习和实践后,关关已经丝毫不怕地震了,甚至还有一点自豪感。

关关觉得,通过自己的学习,给爸爸妈妈也普及了这些从前不知道的知识,即使真的发生地震,他们也一定可以从容应对。

安全小贴士

⭐ 观察下图，哪几幅图上的同学在模拟地震时躲避的位置不正确？

答案：②③④均不正确

⭐ 生命三角区

　　生命三角区是指地震发生后，墙体和房梁倒下后，与大而坚固的物体形成的三角空间。室内人员躲在这个空间内，就有可能逃生。

　　但人们往往会出于惯性思维，直接躲在三角区内，而不检查三角区的安全性，若头上有悬挂的物品或硬物，容易在地震时落下，砸中头部或其他部位，造成伤亡。

思考一下，你认为还需要注意什么呢？快来写一写吧

三、地震来了！

这一天，关关在家里安安静静地看书；杜可和许依约好了看电影；冯周和爸爸妈妈准备自驾去郊区游玩；高睿正在少年宫学围棋。

突然，好像所有人同时感到了一阵晃动。

还没等大家回过神来，更猛烈的晃动来了！一切都失去了平衡，天旋地转起来。

"地震来了！"所有人的脑海里瞬间闪过这个念头。

大地开始摇晃时，关关的妈妈本来在阳台晾衣服，三步并作两步地跑回客厅的沙发边，随着晃动的加剧，妈妈勉强站稳，迅速蹲下。

晃动最剧烈时，关关用枕头捂好头，趴到床边；稍稍平缓后，赶忙和妈妈会合，打开家门，找出应急包，从楼梯间的安全通道撤离。

"咱们先躲到卫生间去！"关关拉起妈妈的手跑进小卫生间。

"妈妈，等晃动停止后咱们就快速走楼梯出去。"妈妈点点头，取下墙上的两条毛巾，润湿了备用。

　　终于，晃动停了下来，关关和妈妈赶紧跑出来，从楼梯间的安全通道撤离。

　　电影院里，许依正在候场，杜可在地下超市买零食。

　　地震开始时，人群发出阵阵尖叫。许依立刻躲到柱子边蹲好，在喧闹中高声喊道："大家不要慌，赶紧躲到柱子或售票台边蹲好！"

　　许依的声音像一颗定心丸，让慌乱的人群渐渐安静下来，所有人都尽可能按照她的指示，找到离自己最近的三角区，或趴或蹲，护好头部。

　　晃动停止后，商场安保人员也开始有序组织人群撤离："大家跟上，不要坐电梯！从安全通道撤离！"

　　虽然许依很担心同伴的情况，但她知道，此时最重要的是听从指挥，否则可能反而会帮倒忙。

　　地下超市中的杜可也在第一时间做出应对，马上远离货架区，找到离自己最近的立柱旁蹲下。

　　晃动停止后，杜可想往超市外撤离，但四下一看，货品掉得满地都是，还有零散的架子把出路挡得严严实实。如果强行通过，万一有余震发生，可能会危及生命。

杜可当机立断，从散落的货物中先尽可能搜集水和食物等必备物品，回到立柱旁，等待救援。

突如其来的地震打断了高睿酣畅的对弈。班里有大大小小二三十个学生，年龄小一点的吓得哭了起来。

高睿的棋友岩岩是个聪明机灵，做事却有些冲动的男孩，竟下意识地想要跳窗逃生。

高睿眼疾手快地拉住了他，"岩岩，咱们这三楼虽然看着不高，但也决不能跳窗，太危险了，可能会受重伤的！"说着，高睿压低岩岩的头，一同躲到课桌旁。

老师急忙指挥同学们先各自躲好，护住头颈，还简要地给大家讲了撤离顺序。晃动停止后，老师指挥所有人按照刚才制定的临时顺序快速离开教室。

快要走到安全通道时，果果大叫一声"哎呀！"，转身就往回跑。老师还没来得及制止，果果就跑远了。

"老师，您带领同学们快撤，我去找果果！"说罢，高睿转身去追果果。为了顾全大局，老师带着剩余同学赶紧进入安全通道。

高睿很快追上果果。原来是因为她的书包落在了教室。

"果果，你这样太危险了！只有生命才是最重要的！"高睿厉声说，"快跟我走！"不料，楼突然又猛

烈地摇晃起来，好像还听到了轰隆的断裂声。

"不好，似乎是哪塌了。"高睿心里暗想，随即拉着果果闪身躲进旁边的打水间。一瞬间，他们与掉下的砖石擦身而过……

冯周爸爸在意识到地震后，立刻将车停在空旷处。

震动结束了，"前面就是人民广场！爸爸妈妈，我们快去那里躲避！"冯周飞快地说，边跑边大声对着周围喊道："人民广场在前面，那里有应急避难场所，大家快去！"

四周混乱人群有了方向感，急速朝广场奔去。人们蹲坐在广场中，一边平复着自己的情绪，一边担忧着亲朋好友的安危。

"不知道爸爸怎么样了……"一个年幼的小男孩抬头望着护住自己的妈妈，不安地问道。

"别担心，这里是咱们家庭备灾会议里约定的逃生集合点，爸爸会来和咱们会合的。"妈妈安慰着小男孩，手里还紧紧握着一把断了线的风筝手柄……

安全小贴士

★ 地震来时，各场景逃生指南

在家中：

理想的避震处是承重墙内墙角、管道间、坚固的家具旁边等；远离阳台、悬挂吊灯等。

在公共场所：

影剧院和体育馆的排椅、商场的立柱和墙角都是合适的避震处，但注意避开大型超市的货架。

思考一下，你认为还需要注意什么呢？快来写一写吧

在室外：

尽快找一个开阔的地方躲起来，不要乱跑。远离烟囱、水塔、高树、立交桥；远离危房、玻璃幕墙等危险物；远离高压线、路灯、广告牌。

⭐震后撤离及自救

感觉震动停止后，尽快撤离房屋。撤离时走楼梯，不要乘坐电梯。

公共场所要听从指挥，走安全通道，有序撤离。

在室外时前往附近应急避难场所或空地避难。应急避难场所大多为公园、公共绿地、城市广场、体育场、学校运动场等。

震后若被困，要冷静应对，检查是否受伤。寻找周围的水和食物，保存体力，注意户外动静，伺机呼救。

在听到上面（外面）有人活动时，用砖、铁管等物敲打墙壁或水管，向外界传递消息。

四、急救小分队

一场始料未及的地震，让喧嚣热闹的城市按下了暂停键，一切都安静了下来。

到达安全区域后，关关和妈妈给了彼此一个安慰的拥抱。周围的邻里也都在庆幸劫后余生，但同时，他们也在担忧自己的家人朋友，不断地打着电话。

社区工作者及时赶来，立刻开启了救援工作。关关的妈妈是党员，也是一名医生，在这种情况下，她毫不犹豫地挺身而出，发挥自己作为党员的带头作用。

"大家先冷静，如果按照之前社区防震演练，已经制定了应急预案的家庭，记得拨打外地紧急联系人的电话，确认家人安全。

　　平日里有些胆小的关关仿佛也在这场灾难中飞速成长，主动提出借助自己学到的知识，协助救援人员进行救援工作。

　　许依听从商场工作人员的指挥，安全从商场撤离后，通过紧急联系人，与父母确认了彼此的安全。

　　许依十分担心杜可的情况，但一直无法拨通她的电话，心里焦急万分。

　　此时杜可正躲在立柱旁边，刚好立柱和倒塌物形成了一个"生命三角区"。杜可的手机摔坏了，好在她身边有充足的水和食物，足够支撑一段时间。她将身边堵着的杂物移开，保证自己呼吸畅通，然后静静坐着等待救援。

高睿在一阵刺耳的轰隆声后，缓缓睁开了眼睛，身旁的果果似乎被吓蒙了。果果后知后觉，感到胳膊传来一阵刺痛，伸手一摸，借着微弱的光，看到自己满手是血，顿时更害怕了，从低声啜泣变成号啕大哭。

高睿见状连忙安慰说："别哭，我们得先保存体力，等待救援人员。放心，我们一定会被救出去的！"

高睿很快镇定下来，从背包中找出小手电，检查了下周围的环境，因为不知道余震什么时候会再次发生，高睿在打水间里找到了拖把和砖块，尽可能顶住狭小的空间，支撑断壁残垣。

他一边为果果检查伤势，一边回想着之前学到的相关急救知识。还好，经过之前的地震知识学习，高睿时常在书包里装着一个小小的医药包，以备不时之需。

"别担心，果果，可能是被刚刚掉落的砖石划了个小口，没事的，我帮你简单包扎下。"高睿轻声安抚着果果。

他从医药包里取出干净的纱布和消毒棉，为果果消毒伤口并包好，防止伤口感染造成高烧昏迷。看着高睿轻柔舒缓的动作，果果不安的心平静了很多。

与此同时，冯周的爸爸妈妈已经在广场加入救援队伍，一起在空旷、干燥、地势较高的地方搭建防震棚。冯周自告奋勇加入了搜救队，虽然年纪不大，但冯周临危不惧，很有一副小男子汉的气势。

　　冯周按照救援人员指示的方法，采取喊话、敲击等方式，询问废墟中是否有被埋压者，还找来了大喇叭，尽可能扩大自己的声音，让等待救援的人们听到外面的声响。

　　不一会儿，搜救队就发现了废墟中的被埋压人员，他们先是清除幸存者口鼻内的尘土，保证其呼吸顺畅，还蒙上了他的眼睛，防止受到强光的刺激。

　　冯周想，自己大概永远不会忘记今天的经历，震后这些救援的知识也会永远刻在他脑子里。平时这些纸面上的知识如今都变成了触手可及的现实，每一个救援小知识或许都真真切切地关乎一个人的性命。

　　就这样，在这个城市的角角落落，形成了一组组"急救小分队"，大家都在为挽救更多人的生命而努力着。

安全小贴士

⭐ **地震过后，周围生态环境被破坏。**
不饮用来历不明的水，不食用过期食品。

简易水过滤器制作方法：

1. 准备材料：

剪刀、纱布、细砂、木炭、空塑料瓶、一些碎石、盛水容器（杯子）。

2. 制作步骤

a. 把空塑料瓶底部用剪刀剪去，在塑料瓶盖上钻上多个小孔（一般 7-10 个即可）；

b. 把干净的纱布剪成正方形（大约 3 ～ 4 块相叠），平整地垫在瓶盖里，盖紧盖子；

c. 用碎石研磨木炭成粉末状，然后在瓶子里依次按"细砂、木炭、细砂、木炭、细砂"的顺序，放入 3 ～ 5 厘米厚的过滤层；

d. 将水倒入做好的过滤器，并在瓶口下方放置干净容器。

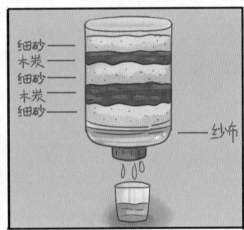

细砂——
木炭——
细砂——
木炭——
细砂——

——纱布

思考一下，你认为还需要注意什么呢？快来写一写吧

五、黄金30秒

　　所有的急救小分队都在争分夺秒地进行救援。关关附近还救出了几位脊椎受伤的人员。

　　挖掘时，救援人员临时指导参与挖掘的群众："大家注意，不要用利器刨挖。要注意分清支撑物与一般埋压物，不可破坏原有的支撑条件。不要用力拉扯受伤者的四肢，以免加重骨折错位。"关关把这些知识暗暗记在心里。

　　随着被救人员的增多，现场还有热心市民想帮忙直接抬走受伤人员，被救援人员及时制止："在搬运脊椎受伤者时，为避免脊柱的弯曲和扭转，需要用硬板担架将伤员固定。千万不要一人抬肩，一人抬腿，这样反而会加重伤势的。"

　　而关关妈妈这边也遇到了非常危急的情况。一位老年人在被救出时呼吸心跳骤停，作为医生，关关妈妈当机立断，判断伤者意识，将其摆成仰卧位，打开气道，检查呼吸，口对口吹气，检查脉

搏，心脏按压，一系列动作行云流水。

还好关关妈妈抓住了生命的黄金三十秒，伤者的生命才得以被挽救。现场见证这一幕的人们发出欢呼，纷纷称赞关关妈妈的快速反应。

"这是我应该做的。"关关妈妈谦虚地笑着说。

杜可的父母在把女儿送到电影院和许依会合后，就在商场里闲逛起来。发生地震的时候，他们随着人流撤离到了安全区域，但在商场外的人群中，他们没有发现杜可的身影，情急之下拨打杜可电话，却发现怎么也打不通。

接着，他们又给紧急联系人打电话，得知也没有杜可的消息，顿时慌了神。急坏了的杜可妈妈一转头，看到了许依，忙上前来问。

一向冷静的许依在此刻显得有些慌乱："阿姨，当时小可在地下超市买零食，没和我在一起，现在我也不清楚她的状况，联系不上她。"说着说着，许依的声音带了一丝哭腔。

杜可的父母听到后十分激动，抬腿就想往商场里面冲，被现场的救援人员拦了下来。

救援人员非常严肃地说："我理解你们的心情,但是被困在里面的不只有你们的孩子,还有很多家庭的孩子,他们都在等待救援。这里依旧危险,所以请保持冷静,不要随便回到危房里去,要尽可能远离废墟。"

　　许依听过工作人员的话,想了想,对杜可父母说:"叔叔阿姨,你们别着急,我们学校之前学习过地震相关的避险和自救知识,我们要相信小可,她一定会平安无事的!"

先易后难

　　顿了顿，许依又轻轻地说："叔叔阿姨，我们可以加入救援队，但要记住救援原则是先易后难，先近后远，先多后少。一定要听从专业人员指挥，不能擅自行动，否则不但救不了小可，自己可能也会陷入危险中！"

　　杜可父母对视了一眼，又望了望许依，随即坚定地点了点头。就这样，三个人也踏上了救援的道路。

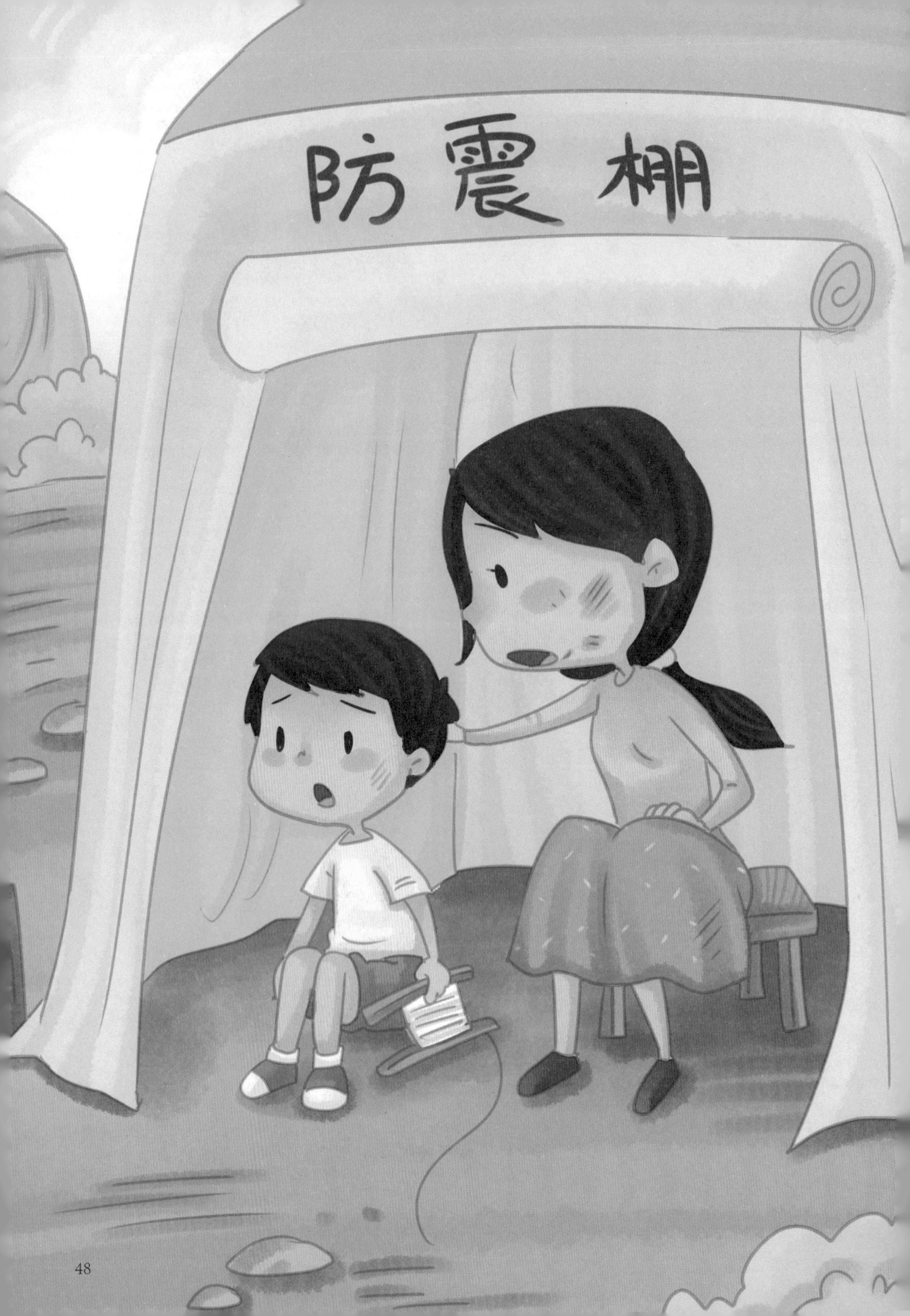
防震棚

经过连续几个小时的营救后，杜可被成功救出，看到杜可的身影，压在几个人心里的大石头也落了地。

高睿和果果也在几个小时后被成功救出，现场的救援人员看到果果胳膊上的包扎，惊讶地问道："这是谁包扎的呀？"

高睿挠了挠头，有些不好意思地说："是我包扎的，有点粗糙。"

救援人员笑着拍了拍高睿的肩膀，说："小伙子，做得很棒！"

那对在人民广场应急避难场所的母子，此刻正待在防震棚里，本来握在妈妈手中的风筝手柄，现如今被紧紧握在那个叫鑫鑫的小男孩手里。

他们依旧在等，等孩子的父亲，等妻子的丈夫。他会在哪里呢？他还安全吗？

安全小贴士

⭐ 震后互救三原则：

先易后难：先救被埋压较浅，容易救出的轻伤人员。

先近后远：先救离自己最近的被埋压者。

先多后少：先救被埋压人员多的地方，比如学校、医院、旅馆、商场等人员密集场所。

思考一下，你认为还需要注意什么呢？快来写一写吧

☆ 创伤现场急救技术：

1. 止血：

方法有4种：指压（压迫）止血、加压包扎止血、填塞止血、止血带止血。

2. 包扎：

可用绷带、三角巾包扎，也可就地取材。

包扎要轻、快、准、牢，先盖后包（干净敷料），不可过紧或在伤口上打结，不可暴露肢端。

3. 固定：

为避免进一步损伤，减轻疼痛，可使用夹板、书本或树枝等进行固定。

☆ 制作简易担架：

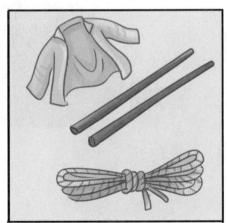
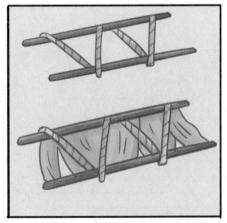

六、送你一颗小星星

    灾后，学校请来专业的老师为同学们进行心理疏导，以免地震给正在成长中的孩子留下不可磨灭的心理创伤。

    "我们来玩个小游戏，先请一个同学到黑板上画出他想象中，我们的城市重建后的样子，然后再找另一个同学补充好不好？"

    "好！"这个小游戏立刻获得了大家的积极响应。

    冯周被选上了台，他画了一个大大的公园，很多小孩在公园里面嬉戏。画完后，他转过头对大家说："我希望重建后的家园能有一个超级大的公园，这样我就能去那滑滑板了，嘿嘿。"

    接着，高睿上去补充这幅画，他在画上添加了一个又大又圆的太阳，还在公园里添了很多彩色的花朵。

    "我希望我们的城市能一直是彩色的、鲜活的、充满生机的！"高睿说道。

课后，杜可和高睿几人相约去看许依。

灾后，大家的生活都逐渐恢复正常，但许依的父母却发现，女儿好像出现了心理问题。她总是坐在一个角落默默掉眼泪，还整夜失眠，好不容易睡着也会被噩梦惊醒。许依父母不敢耽搁，立刻把孩子送去医院进行心理干预治疗。

"朋友遇险，她却不在朋友身边，等待朋友被解救的过程中，她很焦虑也很无助，即使她的朋友最终被救出，这件事也给她造成了创伤。但她的情况不算严重，很快就会痊愈的。"

离开医院时，几人看到一个小男孩蹑手蹑脚地从医院侧门溜出来。大家怕男孩儿出什么事，就在后面偷偷跟着他。小男孩跑到人民广场后，蹲在雕像旁边，手里好像还握着什么。

大家见状，刚想给医院打电话，就看到一个穿着护士服的阿姨，急匆匆地跑到男孩身边，上气不接下气地说："鑫鑫，我就知道你又跑来这里了。"

这时冯周突然说道："我好像见过这个小孩，地震那天，他和他的妈妈一直待在防震棚里，后来小男孩说什么都不愿意离开那里，嚷着要等他爸爸来会合。但是，他爸爸好像……没救过来……"

大家都沉默了，虽然年幼的他们也不是很懂得生离死别，但推己及人，他们似乎隐隐感受到小男孩心里的痛。

　　穿着护士服的阿姨抱了抱男孩，望着他的眼睛，脸上闪过一丝悲伤和不忍，但还是咬咬牙说道："鑫鑫，爸爸在地震中去世了，妈妈和你说过的，对吗？"

　　鑫鑫瞪大了眼睛，亮晶晶的泪水充满了眼眶。半晌，他点了点头，但撇了撇嘴，又说："但是他说好给我带星星风筝的，他明明说好和我一起放风筝的。"说完这段话，眼泪终于不受控制地涌出。

　　冯周和高睿听后对视了一眼，飞快跑开了。

　　"你们两个去哪呀？"关关小声惊呼。不一会儿，两人跑回来了，手里拿着星星形状的风筝，但脚下有些犹豫，不知道接下来该怎么做。杜可接过风筝，走到小男孩儿面前。

　　"鑫鑫，这是你爸爸托我们带给你的星星风筝。他说：'乖鑫鑫，爸爸没有离开你和妈妈，爸爸只是要到月亮上住一段时间，我在月亮上看着你和妈妈，要开心起来，和妈妈好好生活，好吗。'"杜可擦了擦鑫鑫脸上的泪珠。

　　"真的吗？姐姐你说的是真的吗？"鑫鑫似乎相信了，接过星星风筝，紧紧地攥着。

　　"当然了，鑫鑫，我们一起等风来，你要相信，风会把星星和月亮带到一起的！"关关也蹲下来，对着鑫鑫说。

鑫鑫缓缓点了点头，清澈明亮的眼睛里，折射出坚定的希望。

说罢，几个人陪鑫鑫放起了风筝，星星形状的风筝高高飞起，飞向天空……

安全小贴士

★ 灾难过后，幸存者会经历不同的情绪阶段

影响阶段：有些幸存者不会表现出恐惧情绪，反而表现为情感麻木。

记录阶段：幸存者评估损失情况，尝试找到其他受灾人员，尝试自己恢复思维及行动能力。

营救阶段：幸存者自愿协助应急救援人员搜救其他受灾人员。

恢复阶段：幸存者可能会攻击救援人员，对后者表现出愤怒或责备。

⭐ 共情是一种有效缓解幸存者心理状态的方式

1. 听他们讲感受及生理需求。受灾人员常常需要倾诉他们的经历，需要他人聆听他们的分享。

2. 对他们的疼痛与忧伤表达共情。让受灾人员感受到别人可以理解和分担他们的痛苦与哀伤。

3. 根据自身过去相似的经历，试图想象受害者当前的感受。注意不要被对方的情绪所感染。

4. 倾听对方话语中表达出的情绪，而非仅仅听其言语内容，尤其是留意其非语言信息，如肢体语言、面部表情和语音语调等。

5. 对受害者的表述予以重述，确保完全理解其所说内容，同时也向倾诉者表示自己在倾听，从而促进沟通。

思考一下，你认为还需要注意什么呢？快来写一写吧